# Coole Experimente für Kinder von 8 bis 10 Jahren

THIER MEDIA VERLAG

# Inhaltsverzeichnis

Ich bin Albert Einstein. Vielleicht kennst du mich schon. Ich liebe Experimente! Sie helfen uns zu verstehen, wie die Welt funktioniert. Ich begleite dich durch dieses Buch und zeige dir, wie spannend Wissenschaft sein kann.

## Hallo, du kluge Forscherin,
## hallo, du neugieriger Forscher!

Schön, dass du dieses Buch in den Händen hältst. Hier warten 50 spannende Experimente auf dich und du kannst sie alle ganz einfach selbst ausprobieren!

Du brauchst dafür nur Dinge, die fast jeder zu Hause hat: z.B. Wasser, Farben, Luftballons, Becher oder Küchenpapier.

Bei jedem Experiment kannst du:

- ✓ etwas Neues entdecken
- ✓ beobachten, wie Dinge sich verändern
- ✓ verstehen, warum etwas passiert
- ✓ wie ein echter Forscher ausprobieren

Und das Beste ist:
Du machst alles selbst – Schritt für Schritt!
Also mach dich bereit!

**Los geht's – die Wissenschaft wartet auf dich!**

Liebe Eltern,
liebe Erwachsene,

dieses Buch lädt Kinder im Alter ab 8 Jahren dazu ein, spielerisch die Welt der Naturwissenschaften zu entdecken.

Alle Experimente wurden so gestaltet, dass sie:

- ✓ mit einfachen Haushaltsmaterialien funktionieren
- ✓ schnell durchgeführt werden können
- ✓ ungefährlich sind
- ✓ Neugier, Motorik und Verständnis fördern

Jedes Experiment erklärt auf kindgerechte Weise, was passiert und warum es passiert.
Das Ziel dieses Buches ist es, Kindern Freude am Entdecken zu vermitteln.
Wenn Sie möchten, begleiten Sie Ihr Kind beim Experimentieren. Oft reicht es aber, einfach zuzuschauen und die Begeisterung zu teilen.

**Viel Freude beim gemeinsamen Staunen!**

**Damit du alle Experimente sicher ausprobieren kannst, beachte bitte diese wichtigen Forscher-Regeln:**

1. Frage einen Erwachsenen, wenn du heißes Wasser, Schere, Lebensmittel oder Kerzen brauchst.
2. Arbeite langsam und vorsichtig. Forscher hetzen nicht.
3. Halte deinen Tisch sauber und lege ein Tuch oder Papier darunter.
4. Nimm nichts in den Mund.
5. Räume am Ende alles wieder auf. Ein guter Forscher hinterlässt seinen Platz sauber.

## So benutzt du dieses Buch

Jedes Experiment in diesem Buch hat drei Teile:

☆ **Das brauchst du:**
Hier steht genau, welche Dinge du benötigst.

☆ **So geht´s:**
Hier findest du die Schritte, die du nacheinander durchführst. Folge ihnen wie einer kleinen Schatzkarte.

☆ **Warum passiert das?**
Hier erklären wir, was bei dem Experiment passiert. Du wirst staunen, wie spannend Wissenschaft sein kann!

Manchmal kannst du ein Experiment auch mehrmals ausprobieren:

– mit anderen Farben
– mit anderen Gegenständen
– mit neuen Ideen

Denn Forscherinnen und Forscher probieren immer wieder Neues aus.

## Bist du bereit?

Dann lass uns gemeinsam staunen, lachen und entdecken!

# Kapitel

# Wasser, Dichte & Verdrängung

# 1: DAS SCHWEBENDE EI

## Das brauchst du:

- ein Glas
- etwas Stilles Wasser
- etwas Salz
- ein Ei (gekocht oder ungekocht)

## So geht's:

**1. Ei ins Wasser legen**
Fülle das Glas mit Wasser.
Lege das Ei vorsichtig hinein.
Das Ei sinkt auf den Boden.

**2. Salz hinzufügen**
Gib nun Löffel für Löffel Salz ins Wasser.
Rühre nach jedem Löffel gut um.

**3. Beobachten**
Mit jedem Löffel Salz steigt das Ei ein Stück nach oben.

**4. Schwebezustand erreichen**
Höre auf zu salzen, sobald das Ei frei im Wasser schwebt – weder ganz oben noch ganz unten.

## Warum passiert das?

Ein Ei sinkt in normalem Wasser, weil es schwerer ist als das Wasser. Gibst du Salz dazu, wird das Wasser dichter und kräftiger. Dadurch kann es das Ei nach oben tragen. Wenn das Gewicht des Eies und der Auftrieb gleich groß sind, schwebt das Ei weiterhin im Wasser und sinkt nicht ab.

# 2: DAS MÜNZEN-BOOT-RÄTSEL

## Das brauchst du:

- etwas Druckerpapier (oder vergleichbares Papier)
- eine Schüssel mit Wasser
- ein paar Münzen oder kleine Steine

## So geht's:

**1. Papierboot falten**
Falte aus einem Blatt Papier ein kleines Boot.

**2. Boot zu Wasser lassen**
Setze das Papierboot vorsichtig auf das Wasser.

**3. Gewicht hinzufügen**
Lege eine Münze in das Boot.
Dann eine zweite, dritte ...

**4. Zählen und notieren**
Zähle, wie viele Münzen das Boot tragen kann, bevor es voll Wasser läuft oder untergeht.

**5. Neues Boot testen**
Falte nun ein breiteres Boot und wiederhole den Versuch.

## Warum passiert das?

Ein Papierboot schwimmt, weil das Wasser es nach oben drückt. Dieser Auftrieb entsteht, weil das Boot Wasser verdrängt. Ein breites Boot verteilt das Gewicht der Münzen besser auf der Wasseroberfläche. So wird es langsamer mit Wasser gefüllt und kann mehr Gewicht tragen, bevor es untergeht.

# 3: DAS WASSER-KLETTER-EXPERIMENT

## Das brauchst du:

- etwas Küchenpapier, Toilettenpapier und ein Papiertaschentuch
- etwas Wasser
- etwas Lebensmittel- oder Wasserfarbe
- eine Stoppuhr

## So geht's:

**1. Papierstreifen vorbereiten**
Schneide alle Papiersorten in gleich breite und gleich lange Streifen.

**2. Wasser färben**
Fülle ein Glas mit Wasser und färbe es gut sichtbar ein.

**3. Papier eintauchen**
Tauche die unteren Spitzen der Papierstreifen gleichzeitig ins Wasser und halte sie dort. Die Streifen dürfen sich nicht berühren.

**4. Messen und vergleichen**
Starte die Stoppuhr und beobachte, welches Papier das Wasser am schnellsten nach oben zieht. Vergleiche die Höhe des Wassers nach gleicher Zeit. (z.B. 30 Sekunden)

## Warum passiert das?

Papier besteht aus vielen feinen Fasern. Zwischen diesen Fasern gibt es winzige Zwischenräume. In ihnen kann Wasser nach oben steigen, obwohl es gegen die Schwerkraft geht. Das nennt man Kapillarwirkung.
Je größer diese Zwischenräume sind, desto schneller wird das Wasser nach oben gezogen. Darum saugen verschiedene Papiere unterschiedlich schnell.

# 4: DIE SCHWIMMENDE MANDARINE

**Das brauchst du:**

- eine Mandarine (Clementine, kleine Orange, Limette)
- eine Schüssel mit Wasser

## So geht's:

**1. Mandarine ins Wasser legen**
Lege die Mandarine mit Schale in die Wasserschüssel.

**Du wirst sehen:**
Sie schwimmt oben!

**2. Mandarine schälen**
Schäle die Mandarine vollständig ab.

**3. Nochmal testen**
Lege die geschälte Mandarine wieder ins Wasser.

**4. Beobachten**
Beobachte, was nun mit der Mandarine passiert.

## Warum passiert das?

Die Schale der Mandarine hat viele winzige Luftpolster. Diese Luft wirkt wie eine kleine Rettungsweste und macht die Mandarine mit Schale leichter – deshalb schwimmt sie oben. Wenn man die Schale abmacht, sind die Luftpolster weg. Dann ist die Mandarine schwerer für ihre Größe und sie sinkt.“

# 5: DER FLÜCHTENDE PFEFFER

## Das brauchst du:

- eine Schüssel oder tiefen Teller
- etwas Wasser
- etwas Pfeffer
  (Paprikapulver oder Zimt)
- etwas Spülmittel

## So geht's:

**1. Wasser einfüllen**
Fülle die Schüssel vorsichtig mit Wasser, sodass die Oberfläche ruhig bleibt.

**2. Pfeffer streuen**
Streue etwas Pfeffer gleichmäßig auf die Wasseroberfläche. Er bleibt oben liegen.

**3. Finger vorbereiten**
Tauche einen Finger in Spülmittel.

**4. Berühren und staunen**
Berühre mit dem seifigen Finger kurz die Wasseroberfläche in der Mitte.
Beobachte, was mit dem Pfeffer passiert.

Seife zerstört die unsichtbare Haut des Wassers.

## Warum passiert das?

Wasser hat eine besondere Oberflächenspannung, die wie eine unsichtbare Haut wirkt, deshalb kann der Pfeffer auf dem Wasser liegen bleiben. Kommt Spülmittel dazu, wird diese Spannung zerstört. Das Wasser zieht sich plötzlich zusammen und bewegt sich. Dabei wird der Pfeffer schnell von der Stelle weggeschoben, an der die Seife das Wasser berührt.

# 6: DAS ZWEI-SCHICHTEN-GEHEIMNIS

## Das brauchst du:

- ein Glas
- etwas Wasser
- etwas Pflanzenöl
- etwas Lebensmittelfarbe, Wasserfarbe oder Tinte

**1. Glas füllen**

Fülle das Glas etwa zur Hälfte mit Wasser.

**2. Wasser färben**

Färbe das Wasser blau für eine bessere Sichtbarkeit.

**3. Öl dazu gießen**

Gieße das Öl langsam oben auf das Wasser.

**4. Beobachten**

Beobachte, wie sich zwei klare Schichten bilden.
Rühre kurz um und warte.
Was fällt dir auf?

**Hinweis:**
Je nach Polarität der Farbe könnte sich auch das Öl färben.

Öl ist leichter als Wasser, und sie verbinden sich nicht miteinander!

## Warum passiert das?

**Dichte:**
Wasser und Öl mischen sich nicht. Wasser ist dichter als Öl und bleibt unten im Glas. Öl ist leichter und schwimmt oben.

**Löslichkeit:**
Auch wenn man kurz umrührt, trennen sich Wasser und Öl wieder. Ihre Teilchen passen nicht gut zusammen, weil sie sehr unterschiedlich sind: Gleiches löst sich nur in Gleichem!

# 7: DER WASSERBERG AUF DER MÜNZE

## Das brauchst du:

- eine Münze (z. B. 1-Euro oder 2-Euro)
- eine Pipette (Teelöffel, Trinkhalm)
- etwas Wasser

## So geht's:

**1. Münze hinlegen**
Lege die Münze flach auf einen Tisch.

**2. Wasser tropfen**
Tropfe vorsichtig einen Wassertropfen nach dem anderen auf die Münze.

**3. Zählen**
Zähle, wie viele Wassertropfen auf die Münze passen.

**4. Beobachten**
Beobachte, wie sich ein kleiner Wasserberg bildet.

Wasserteilchen halten fest zusammen.

## Warum passiert das?

Wasserteilchen ziehen sich gegenseitig an und halten fest zusammen. Diese Kraft nennt man Oberflächenspannung. Deshalb kann sich das Wasser auf der Münze nach oben wölben, ohne sofort herunterzulaufen. Es entsteht ein kleiner Wasserberg.
Erst wenn zu viele Tropfen hinzukommen, wird die Spannung zu groß und das Wasser läuft über.

# 8: WARUM BOOTE NICHT UNTERGEHEN

## Das brauchst du:

- etwas Alufolie oder Knete
- eine Schüssel mit Wasser
- einige Münzen, Büroklammern oder kleine Steine

## So geht's:

**1. Alufolie vorbereiten**
Schneide zwei gleich große Streifen Alufolie ab.

**2. Kugel formen und testen**
Forme aus dem ersten Streifen eine Kugel.
Lege die Alu-Kugel auf das Wasser. Sie geht unter!

**3. Boot formen**
Forme aus dem anderen Streifen ein kleines Boot.

**4. Schwimmfähigkeit testen**
Setze die Kugel und das Boot nacheinander ins Wasser.

**5. Beobachten**
Beobachte, was passiert. Lege nun Münze für Münze in das Boot, bis es untergeht.

## Warum passiert das?

Ob etwas schwimmt, hängt davon ab, wie viel Wasser es verdrängt. Die Alukugel ist kompakt und verdrängt nur wenig Wasser, deshalb sinkt sie. Das Alu-Boot hat eine breite Form und verdrängt viel Wasser. So entsteht mehr Auftrieb, der das Boot trägt. Erst, wenn das Gewicht zu groß wird, geht das Boot unter.

# Kapitel

## Luftdruck & unsichtbare Gase

# 9: DAS FLASCHEN-LUFT-RÄTSEL

## Das brauchst du:

- eine dünnwandige Plastikflasche
- einen Luftballon
- einen Nagel oder eine Schere
- einen Erwachsenen

## So geht's:

**1. Ballon vorbereiten**

Stülpe den Luftballon vorsichtig über den Flaschenhals, sodass er gut sitzt und drücke den Rest des Ballons in die Flasche hinein.

**2. Pusten, pusten ...**

Jetzt versuchst du, den Ballon in die Flasche hinein aufzublasen. Ganz schön schwer, oder? Meist klappt es kaum oder gar nicht.

**3. Kleines Loch, große Wirkung**

Mache nun mit dem Nagel oder der Schere ein kleines Loch unten oder an der Seite der Flasche.

**4. Nochmal probieren**

Puste erneut in den Ballon. Was fällt dir auf?

Das Loch solltest du mit einem Erwachsenen machen.

Luft ist unsichtbar, aber sie braucht Platz.

## Warum passiert das?

Auch wenn man sie nicht sehen kann, ist in der Flasche Luft. Diese Luft nimmt Platz ein und kann nicht einfach verschwinden. Ohne Loch drückt sie gegen den Ballon und verhindert, dass er sich ausdehnt. Mit einem Loch kann die Luft entweichen. Jetzt hat der Ballon genug Raum und lässt sich leicht aufblasen.

# 10: DER SCHWEBENDE BALL

## Das brauchst du:

- einen Föhn
- einen Tischtennisball (oder Ähnliches)
- einen Erwachsenen zur Aufsicht

## So geht's:

**1. Föhn einschalten**
Schalte den Föhn ein und stelle ihn auf Kaltluft. Halte ihn senkrecht nach oben.

**2. Ball platzieren**
Lege den Tischtennisball vorsichtig in den Luftstrom des Föhns.

**3. Loslassen und staunen!**
Lass den Ball los – und wow! Der Ball schwebt plötzlich in der Luft.

**4. Extra-Test**
Bewege den Föhn ein kleines Stück zur Seite. Der Ball bleibt trotzdem im Luftstrom „gefangen".

Der Föhn kann laut und heiß werden. Halte Abstand zu Haaren und Gesicht.

## Warum passiert das?

Der Föhn bläst Luft sehr schnell nach oben. Schnelle Luft hat weniger Druck als ruhige Luft. Am Ball strömt die Luft schnell vorbei, dort ist der Druck kleiner. Außen herum ist der Luftdruck größer und drückt den Ball zurück in den Luftstrom. So schwebt der Ball stabil in der Luft, selbst, wenn der Föhn leicht bewegt wird.

# 11: DAS UNSICHTBARE GAS

## Das brauchst du:

- eine Schüssel
- etwas Essig
- etwas Backpulver
- eine Feder (oder Papierstreifen)
- einen Erwachsenen zur Aufsicht

## So geht's:

**1. Essig einfüllen**
Gieße etwas Essig in die Schüssel, sodass der Boden bedeckt ist.

**2. Backpulver dazugeben**
Streue vorsichtig Backpulver in den Essig. Es beginnt sofort zu sprudeln und zu blubbern.

**3. Feder bereithalten**
Halte eine Feder oder einen dünnen Papierstreifen direkt über die Schüssel.

**4. Beobachten**
Die Feder beginnt zu zittern, zu tanzen oder wird leicht nach oben gedrückt.

Essig kann spritzen! Arbeite am besten auf einer abwischbaren Fläche.

## Warum passiert das?

Mischt man Essig und Backpulver, entsteht ein Gas namens Kohlenstoffdioxid. Dieses Gas kann man nicht sehen, aber es bewegt sich nach oben. Dabei entsteht ein Luftstrom. Sehr leichte Dinge wie Federn oder Papierstreifen werden von diesem Strom bewegt. Das zeigt: Auch unsichtbare Gase nehmen Platz ein und können etwas bewirken.

# 12: DER SAUGGLOCKENEFFEKT

## Das brauchst du:

- einen Teller
- etwas Wasser
- ein Teelich
- ein Glas
- einen Erwachsenen

## So geht's:

**1. Vorbereitung**
Gieße etwas Wasser auf den Teller.
Stelle die Kerze mitten auf den Teller.

**2. Kerze anzünden**
Zünde die Kerze vorsichtig an.

**3. Glas darüber stülpen**
Setze nun das Glas senkrecht über die brennende Kerze, sodass der Glasrand im Wasser steht.

**4. Genau beobachten**
Die Kerze brennt noch kurz weiter – dann geht sie aus. Gleichzeitig steigt das Wasser im Glas nach oben!

Feuer ist heiß! Bitte einen Erwachsenen um Hilfe.

## Warum passiert das?

Die Kerze verbraucht Sauerstoff und erwärmt die Luft im Glas. Wenn die Kerze ausgeht, weil kein Sauerstoff mehr vorhanden ist, kühlt die Luft wieder ab und zieht sich zusammen. Dadurch entsteht im Glas ein geringerer Luftdruck. Der höhere Luftdruck außerhalb des Glases drückt das Wasser nach innen. So steigt das Wasser im Glas nach oben, fast wie bei einer Saugglocke.

# 13: KAMPF DER KRÄFTE

## Das brauchst du:

- ein Glas
- eine große Schüssel mit Wasser
- ein Stück festes Papier
  (z. B. Karteikarte oder Postkarte)

## So geht's:

**1. Glas füllen**
Fülle das Glas mit Wasser.

**2. Papier auflegen**
Lege das Papier glatt auf die Glasöffnung. Achte darauf, dass keine Luftblasen darunter sind.

**3. Umdrehen**
Halte das Papier fest und drehe das Glas vorsichtig um. Jetzt kannst du die Hand langsam vom Papier wegnehmen. Das Papier bleibt am Glas und das Wasser läuft nicht aus!

**4. Jetzt ins Wasser tauchen**
Tauche das umgedrehte Glas vorsichtig in eine Schüssel mit Wasser.

**5. Beobachten**
Plötzlich löst sich das Papier und das Wasser aus dem Glas fließt heraus.

Mache das Experiment am besten über dem Spülbecken.

## Warum passiert das?

Außerhalb des Glases drückt die Luft von unten gegen das Papier. Dieser Luftdruck ist stark genug, um das Papier festzuhalten und das Wasser im Glas zu halten. Taucht man das Glas ins Wasser, wirkt zusätzlich Wasserdruck von unten. Wird dieser stärker als der Luftdruck, löst sich das Papier und das Wasser fließt aus dem Glas heraus.

# 14: DER TANZENDE ROSINEN-AUFZUG

## Das brauchst du:

- ein hohes Glas
- eine Flasche klare Limonade (z. B. Sprite oder 7Up)
- ein paar Rosinen (oder Cornflakes)

## So geht's:

**1. Glas füllen**

Gieße die Limonade vorsichtig in das Glas. Achte darauf, dass es fast voll ist – so können die Rosinen später besser „fahren".

**2. Rosinen einwerfen**

Lass die Rosinen nacheinander ins Glas plumpsen. Sie sinken sofort nach unten – das ist ganz normal.

**3. Beobachten und staunen!**

Nach ein paar Sekunden heften sich kleine Bläschen an die Rosinen. Plötzlich werden sie leichter, steigen nach oben ... und fallen dann wieder herunter!

## Warum passiert das?

In der Limonade sind viele kleine Gasbläschen enthalten. Diese Bläschen setzen sich an die raue Oberfläche der Rosinen. Dadurch werden die Rosinen „leichter" und steigen nach oben. An der Oberfläche platzen die Bläschen, die Rosinen werden wieder „schwerer" und sinken nach unten. So fahren sie immer wieder auf und ab, wie in einem Aufzug.

# Kapitel

## Chemie im Alltag

# 15: FARBEXPLOSION IN MILCH

## Das brauchst du:

- einen Teller
- etwas Milch (Vollmilch 3,5 %)
- etwas Lebensmittel- oder Wasserfarbe
- etwas Spülmittel
- ein Wattestäbchen

## So geht's:

**1. Teller füllen**
Gieße Milch auf einen flachen Teller, sodass der Boden bedeckt ist.

**2. Farben tropfen**
Tropfe vorsichtig mehrere Farben auf die Milchoberfläche.

**3. Spülmittel auftragen**
Tauche ein Wattestäbchen in etwas Spülmittel.

**4. Milch berühren**
Berühre damit die Milch in der Mitte oder an einem Farbpunkt. Die Farben beginnen sich blitzartig zu bewegen und auseinanderzufließen.

Spülmittel bringt Milch und Farben in Bewegung.

## Warum passiert das?

Milch enthält Fett, das sich ruhig an der Oberfläche verteilt. Trifft Spülmittel auf die Milch, löst es die Fettteilchen auf.
Dadurch gerät die Milch plötzlich in Bewegung.
Diese Strömungen schieben die Farben sehr schnell auseinander.
So kann man sehen, wie Fett, Spülmittel und Oberflächenspannung zusammenwirken.

# 16: DER ROSTIGE NAGEL IM ZAUBERBAD

## Das brauchst du:

- einen rostigen Nagel
- etwas Essig / Essigessenz
- ein Glas
- einen Erwachsenen

## So geht's:

**1. Rostbad vorbereiten**
Lege den rostigen Nagel in ein Glas und gieße so viel Essig hinein, dass der Nagel bedeckt ist.

**2. Warten**
Stelle das Glas beiseite und warte ein paar Stunden.

**3. Beobachten**
Der Rost löst sich langsam vom Metall.
Der Essig wird trüb oder leicht bräunlich.

Essig kann spritzen!
Arbeite am besten auf einer abwischbaren Fläche.

Säure kann Rost lösen und Metall reinigen.

## Warum passiert das?

Rost entsteht, wenn Eisen mit Wasser und Sauerstoff reagiert.
Diese Reaktion nennt man Oxidation.
Essig ist sauer und kann den Rost vom Metall lösen.
Deshalb wird der Essig trüb.

# 17: DAS GROßE BLUBBER-RENNEN

## Das brauchst du:

- 3 Gläser
- etwas kaltes, warmes und heißes Wasser (nicht kochend!)
- 3 Brausetabletten
- eine Stoppuhr
- einen Erwachsenen

## So geht's:

**1. Gläser füllen**

Fülle ein Glas mit kaltem, eines mit warmem und eines mit heißem Wasser.

**2. Brausetabletten einwerfen**

Wirf gleichzeitig in jedes Glas eine Brausetablette.

**3. Beobachten**

Beobachte genau, wie stark und wie schnell es blubbert.

**4. Zeit stoppen**

Stoppe die Zeit, bis die Tablette vollständig aufgelöst ist. Vergleiche die Zeiten der drei Gläser.

Heißes Wasser kann Verbrühungen verursachen.
Bitte einen Erwachsenen um Hilfe.

## Warum passiert das?

In warmem Wasser bewegen sich die Wasserteilchen schneller als in kaltem. Dadurch stoßen sie häufiger gegen die Brausetablette. Die Tablette löst sich schneller auf und es entsteht mehr Gas in kürzerer Zeit. Im heißen Wasser ist diese Bewegung am stärksten, deshalb sprudelt es dort am meisten und die Reaktion endet am schnellsten.

# 18: DIE GEHEIME STÄRKE-SPUR

## Das brauchst du:

- 2 Gläser mit etwas Wasser
- etwas Blaubeersaft
  (oder ein anderer dunkler Saft)
- ein Stück Kartoffel
- einen Löffel

## So geht's:

**1. Gläser füllen**
Fülle beide Gläser gleich hoch mit Wasser.

**2. Saft einfüllen**
Gib in beide Gläser etwas Blaubeersaft – das Wasser wird lila.

**3. Kartoffel hinzufügen**
Lege nun nur in ein Glas ein Stück Kartoffel.

**4. Umrühren**
Rühre beide Gläser vorsichtig um.

**5. Beobachten**
Warte ein paar Minuten und vergleiche die Farben.

Stärke bindet Farbe und macht Wasser trüber.

## Warum passiert das?

Kartoffeln enthalten viel Stärke.
Gibt man ein Stück Kartoffel ins gefärbte Wasser, löst sich ein Teil dieser Stärke heraus. Die Stärke quillt im Wasser auf und kann Farbstoffe aus dem Saft festhalten. Dadurch verändert sich die Farbe des Wassers und es wirkt dunkler oder trüber als im Glas ohne Kartoffel.

# 19: EISWÜRFEL-ANGELN

## Das brauchst du:

- einen Eiswürfel
- ein Glas mit kaltem Wasser
- ein Stück Faden
(Nähgarn, Bindfaden, Schnürsenkel)
- etwas Salz (aus dem Salzstreuer)

## So geht's:

**1. Eis vorbereiten**
Lege einen Eiswürfel ins Glas mit kaltem Wasser.

**2. Faden platzieren**
Lege das Fadenstück locker auf den Eiswürfel.

**3. Salz streuen**
Streue ein wenig Salz genau auf die Stelle, an der der Faden den Eiswürfel berührt und drücke den Faden kurz mit dem Finger gegen das Eis.

**4. Warten und angeln**
Warte etwa 20 Sekunden.
Dann ziehe langsam am Faden.
Was kannst du beobachten?

## Warum passiert das?

Salz sorgt dafür, dass Eis bei niedriger Temperatur schmilzt. An der bestreuten Stelle schmilzt die Eisoberfläche kurz an und der Faden sinkt ein kleines Stück ein. Danach gefriert das Wasser durch die Kälte des Eiswürfels sofort wieder. Dabei wird der Faden fest eingefroren und hält den Eiswürfel sicher fest.

# 20: DIE UNSICHTBARE GEHEIMTINTE

## Das brauchst du:

- etwas Zitronensaft
- ein Wattestäbchen
- ein Blatt weißes Papier
- einen sehr warmen Heizkörper

## So geht's:

**1. Stäbchen eintauchen**
Tauche ein Wattestäbchen in Zitronensaft.

**2. Namen schreiben**
Schreibe damit eine geheime Nachricht auf weißes Papier.

**3. Trockenen lassen**
Lass das Papier vollständig trocknen – die Schrift ist nun unsichtbar.

**4. Papier erwärmen**
Lege das Papier vorsichtig auf eine sehr warme Heizung.

**5. Beobachten**
Die geheime Schrift wird langsam braun und sichtbar.

## Warum passiert das?

Zitronensaft enthält Zucker und Säuren, die auf dem Papier zurückbleiben. Wenn das Papier erhitzt wird, verändern sich diese Stoffe schneller als das Papier selbst. Sie bräunen früher und werden dadurch sichtbar. So erscheint die geheime Schrift, obwohl sie vorher kaum oder gar nicht zu sehen war.

# 21: DIE WANDERNDE FARBE

## Das brauchst du:

- ein Glas
- etwas Wasser
- etwas Lebensmittelfarbe, Wasserfarbe oder Tinte

## So geht's:

**1. Glas füllen**
Fülle ein Glas mit klarem Wasser.

**2. Farbe hinzufügen**
Gib vorsichtig einen Tropfen Farbe in das Wasser. Rühre nicht um!

**3. Beobachten**
Beobachte genau, wie sich die Farbe langsam im ganzen Glas verteilt.

Teilchen bewegen sich ständig und verteilen sich.

## Warum passiert das?

Auch wenn das Wasser ruhig aussieht, bewegen sich seine Teilchen ständig. Die Farbteilchen stoßen mit den Wasserteilchen zusammen und breiten sich langsam aus. So verteilt sich die Farbe von selbst im ganzen Glas. Dieser Vorgang heißt Diffusion.
Er zeigt, dass sich Stoffe auch ohne Rühren gleichmäßig mischen können.

# 22: DER BANANEN-BRAUN-TEST

## Das brauchst du:

- eine Banane
- ein Messer
- ein Teller
- etwas Zitronen-, Apfel-, oder Orangensaft

## So geht's:

**1. Banane schneiden**

Schneide die Banane in mehrere gleich große Stücke. Bitte einen Erwachsenen um Hilfe.

**2. Vergleich vorbereiten**

Lege einige Bananenstücke einfach so auf einen Teller. Andere bestreichst du mit ein paar Tropfen Zitronensaft.

**3. Warten**

Lass alle Stücke 10–30 Minuten liegen.

**4. Genau hinschauen**

Welche Bananenstücke werden schneller braun? Welche bleiben länger hell?

## Warum passiert das?

In einer Banane befinden sich besondere Stoffe, die Enzyme heißen. Wird die Banane geschnitten, kommt sie mit Sauerstoff aus der Luft in Kontakt. Die Enzyme reagieren mit dem Sauerstoff und die Banane wird braun. Zitronensaft ist sauer und bremst diese Reaktion. Deshalb bleiben die bestrichenen Bananenstücke länger hell.

# Kapitel

# Licht, Farben & Optik

# 23: DER GEKNICKTE STIFT

**Das brauchst du:**

- ein Glas mit Wasser
- einen Stift oder Trinkhalm

## So geht's:

**1. Glas füllen**
Fülle ein Glas mit klarem Wasser.

**2. Stift reinstecken**
Stecke einen Stift oder Trinkhalm schräg in das Glas.

**3. Beobachten**
Schau von der Seite auf das Glas.

## Warum passiert das?

Licht breitet sich in Luft schneller aus als in Wasser. Trifft es schräg auf die Wasseroberfläche, ändert es beim Übergang seine Richtung.
Diese Richtungsänderung nennt man Lichtbrechung. Dadurch sieht der Stift oder Trinkhalm an der Wasseroberfläche geknickt oder verschoben aus, obwohl er in Wirklichkeit ganz gerade ist.

# 24: DER ZAUBERPFEIL IM WASSERGLAS

## Das brauchst du:

- ein Glas mit Wasser
- ein Blatt Papier
- einen Stift

## So geht's:

**1. Zeichnen**

Zeichne einen Pfeil auf ein Blatt Papier.

**2. Glas füllen**

Fülle das Glas mit Wasser.

**3. Durchführen**

Platziere das Papier mit dem Pfeil genau hinter das Glas und schaue den Pfeil durch das Glas an.

**4. Beobachten**

Beobachte genau: Der Pfeil scheint plötzlich in die andere Richtung zu zeigen!

Gebrochenes Licht kann Bilder umdrehen.

## Warum passiert das?

Das mit Wasser gefüllte Glas ist rund und wirkt wie eine Linse. Wenn Licht durch Glas und Wasser hindurchgeht, wird es gebrochen und ändert seine Richtung. Dadurch werden die Lichtstrahlen neu gelenkt. Das Bild des Pfeils kann dadurch verdreht oder sogar spiegelverkehrt erscheinen, obwohl sich der Pfeil selbst nicht bewegt.

# 25: DAS SCHATTEN-ZEIT-EXPERIMENT

## Das brauchst du:

- einen Stab
- viel Sonnenschein
- einen Stein
- eine Uhr

## So geht's:

**1. Stab aufstellen**
Stelle draußen einen Stab senkrecht auf den Boden.

**2. Markieren**
Markiere die Spitze des Schattens mit einem Stein.

**3. Messen**
Miss die Länge des Schattens.
Wiederhole die Messung jede Stunde.

**4. Beobachten**
Wird der Schatten kürzer oder länger?
Ändert sich die Richtung?

## Warum passiert das?

Die Sonne bewegt sich scheinbar über den Himmel. Morgens und abends steht sie tief, mittags steht sie hoch.
Trifft das Sonnenlicht schräg auf den Stab, entsteht ein langer Schatten. Steht die Sonne hoch, fällt das Licht steiler und der Schatten wird kürzer. Deshalb ändern sich Schattenlänge und Richtung im Laufe des Tages.

# 26: DIE TANZENDE SPIRALE

## Das brauchst du:

- ein Blatt Papier
- einen schwarzen Stift
- eine Schere
- einen Zahnstocher (oder Bleistift)

## So geht's:

**1. Zeichnen**
Zeichne auf ein Blatt Papier ein auffälliges Muster, zum Beispiel eine Spirale.

**2. Ausschneiden**
Schneide das Muster rund aus.

**3. Stab reinstecken**
Stecke einen Zahnstocher genau durch die Mitte des Kreises.

**4. Drehen und beobachten**
Drehe das Papier schnell zwischen den Fingern. Was kannst du beobachten?

Das Gehirn kann Bewegung sehen, die nicht da ist.

## Warum passiert das?

Beim Drehen des Musters bewegen sich starke Kontraste sehr schnell über das Auge.
Das Gehirn braucht einen kurzen Moment, um diese Reize zu verarbeiten. Dabei entstehen kleine Verzögerungen. Diese führen dazu, dass das Gehirn eine zusätzliche Bewegung erkennt. So scheint sich die Spirale nach innen oder außen zu bewegen, obwohl sich das Papier nur gleichmäßig dreht.

# 27: DIE WANDERNDE FARBE

## Das brauchst du:

- ein Blatt Küchenpapier
- eine Schere
- ein volles Glas Wasser
- ein leeres Glas
- etwas Lebensmittel- oder Wasserfarbe

## So geht's:

**1. Glas füllen und färben**

Fülle ein Glas mit Wasser und färbe es mit Farbe ein.

**2. Ein leeres Glas**

Stelle ein leeres Glas direkt daneben.

**3. Schneiden und reinlegen**

Schneide einen Streifen vom Küchenpapier ab und lege ihn so in die Gläser, dass ein Ende im gefärbten Wasser liegt und das andere Ende ins leere Glas reicht.

**4. Warten und beobachten**

Warte ab und beobachte, was passiert.

## Warum passiert das?

Küchenpapier besteht aus vielen feinen Fasern mit winzigen Zwischenräumen. In diesen kleinen Kanälen wird Wasser nach oben gezogen, obwohl es eigentlich nach unten fließen müsste. Das nennt man Kapillarwirkung. Das farbige Wasser wandert durch das Papier und füllt langsam auch das zweite Glas.

# Kapitel

## Kräfte & Bewegung

# 28: DAS BRÜCKEN-BAUMEISTER-EXPERIMENT

## Das brauchst du:

- ein Blatt Papier
- ein paar Bücher
- einige Münzen

## So geht's:

**1. Bücher hinlegen**
Lege die Bücher in zwei Stapeln so hin, dass zwischen ihnen eine kleine Lücke bleibt.

**2. Papier auflegen**
Lege das Blatt Papier flach als Brücke über die Lücke.

**3. Münzen auflegen und zählen**
Lege nun vorsichtig Münzen auf die Papierbrücke und zähle, wie viele sie trägt, bevor sie einknickt.

**4. Papier falten**
Nimm das Papier wieder herunter und falte es der Länge nach in Ziehharmonikaform (viele kleine Berge und Täler).

**5. Testen und vergleichen**
Teste erneut, wie viele Münzen diesmal gehalten werden.

Falten machen Papier viel stärker.

## Warum passiert das?

Ein flaches Blatt Papier biegt sich schnell durch, weil das Gewicht der Münzen nur schlecht verteilt wird. Durch das Falten entstehen viele Kanten und Erhebungen. Diese geben dem Papier mehr Stabilität und verteilen das Gewicht gleichmäßiger. Deshalb kann die gefaltete Papierbrücke deutlich mehr Münzen tragen – genau wie Brücken im echten Leben.

# 29: DER GEHEIME GLEICHGEWICHTSPUNKT

## Das brauchst du:

- einen Stift
- ein Lineal
- einen Löffel oder eine Gabel
- verschiedene weitere Gegenstände (z. B. Radiergummi, Strohhalm, ...)

## So geht's:

**1. Balancieren**

Nimm einen Gegenstand und versuche, ihn auf deinem ausgestreckten Finger zu balancieren.

**2. Schwerpunkt ermitteln**

Verschiebe den Gegenstand vorsichtig hin und her, bis du die Stelle findest, an der er nicht mehr kippt. Genau dieser Punkt ist der Schwerpunkt des Gegenstands.

**3. Wiederholen**

Wiederhole das Experiment mit verschieden geformten Dingen: Stift, Lineal, Löffel, Gabel oder Radiergummi.

**4. Beobachten und vergleichen**

Beobachte, ob die Schwerpunkte unterschiedlich liegen und wie schwer oder leicht das Balancieren jeweils ist.

Im Schwerpunkt bleibt alles im Gleichgewicht.

## Warum passiert das?

Jeder Gegenstand hat einen Schwerpunkt. Das ist der Punkt, an dem sein gesamtes Gewicht wirkt. Liegt dieser Punkt genau über deinem Finger, bleibt der Gegenstand stabil und kippt nicht. Verschiebt sich der Schwerpunkt zur Seite, entsteht ein Ungleichgewicht und der Gegenstand fällt herunter. So lässt sich erklären, warum manche Dinge leicht zu balancieren sind und andere nicht.

# 30: DAS KIPP-EXPERIMENT

## Das brauchst du:

- verschiedene Gegenstände (z. B. Würfel, Flasche, Radiergummi, Stiftbecher, Spielzeugfigur)
- ein Lineal

## So geht's:

**1. Aufstellen**
Stelle einen Gegenstand hochkant auf den Tisch.

**2. Anschieben**
Schiebe ihn ganz leicht mit einem Finger an.

**3. Beobachten**
Beobachte, ob er wackelt oder sofort umfällt.

**4. Wiederholen**
Wiederhole das Experiment mit mehreren Gegenständen. Miss mit dem Lineal, wie hoch und wie breit die Gegenstände sind.

**5. Vergleichen**
Was bleibt gut stehen? Was kippt sehr leicht um?

## Warum passiert das?

Ob ein Gegenstand stehen bleibt, hängt von seiner Standfläche und seinem Schwerpunkt ab. Damit er stabil steht, muss der Schwerpunkt über der Standfläche liegen. Hohe und schmale Gegenstände haben eine kleine Standfläche, deshalb kippen sie leicht um. Breite und flache Gegenstände haben eine größere Standfläche und bleiben dadurch viel sicherer stehen.

# 31: DER MAGNUS-EFFEKT

## Das brauchst du:

- einen Ball (z. B. Fußball, Tennisball)
- eine freie, glatte Fläche (Flur, Sporthalle, Terrasse)

## So geht's:

**1. Ball hinlegen**
Lege den Ball auf den Boden.

**2. Ball andrehen**
Rolle ihn kräftig nach vorne, aber gib ihm dabei eine seitliche Drehung – schneide ihn sozusagen an.

**3. Beobachten**
Beobachte, wie der Ball plötzlich nicht gerade, sondern in einer Kurve rollt.

**4. Ausprobieren und vergleichen**
Wiederhole das Ganze mit verschiedenen Richtungen:
- Drehung nach rechts oder links.
- Probiere unterschiedliche Stärken der Drehung aus. Wie stark ändert sich die Kurve?

## Warum passiert das?

Wird ein Ball beim Rollen gedreht, strömt die Luft auf einer Seite schneller als auf der anderen. Wo die Luft schneller ist, entsteht weniger Druck, auf der anderen Seite mehr Druck. Dieser Unterschied erzeugt eine seitliche Kraft. Sie drückt den Ball aus der geraden Bahn, sodass er eine Kurve macht. Dieses Phänomen nennt man den Magnus-Effekt.

# 32: DER FLASCHENTORNADO

## Das brauchst du:

- eine leere, durchsichtige Flasche
- etwas Wasser
- einen Tropfen Spülmittel (Seife, Duschgel)

## So geht's:

**1. Flasche füllen**
Fülle die Flasche zu etwa ¾ mit Wasser.

**2. Spülmittel dazugeben**
Ein einziger Tropfen reicht! Er macht das Wasser etwas „glatter“ und hilft beim Wirbel.

**3. Deckel gut zuschrauben**
Ganz wichtig, damit nichts ausläuft.

**4. Wirbel erzeugen**
Drehe die Flasche kräftig in einer Kreisbewegung.

**5. Beobachten**
Stelle die Flasche ab und schau, wie sich ein kleiner Tornado im Inneren bildet.

## Warum passiert das?

Durch das Drehen der Flasche gerät das Wasser in eine Kreisbewegung. Dabei wird es an den Rand gedrückt und in der Mitte nach unten gezogen. So entsteht ein Strudel, der wie ein kleiner Tornado aussieht.
Der Tropfen Spülmittel verringert die Reibung im Wasser, sodass der Wirbel gleichmäßiger und länger sichtbar bleibt.

# 33: DIE UNZERTRENNLICHEN BÜCHER

## Das brauchst du:

- 2 dicke Bücher (z. B. alte Schulbücher)

## So geht's:

**1. Bücher vorbereiten**

Lege die beiden Bücher mit den Buchrücken nach außen nebeneinander.

**2. Seiten verhaken**

Blättere nun Seite für Seite: Eine Seite aus Buch A, dann eine Seite aus Buch B. Immer abwechselnd, bis alle Seiten ineinander greifen. Nimm dir Zeit – je sauberer du das machst, desto besser klappt es!

**3. Festhalten und ziehen!**

Halte jeweils ein Buch am Einband fest und ziehe die Bücher auseinander. Was fällt dir auf?

## Warum passiert das?

Zwischen den einzelnen Papierseiten entsteht Reibung. Jede Seite für sich reibt nur ein wenig, doch beim Ineinanderlegen greifen hunderte Seiten ineinander. Diese vielen kleinen Reibungskräfte addieren sich zu einer sehr großen Kraft. Beim Ziehen pressen sich die Seiten noch stärker zusammen, wodurch die Reibung weiter zunimmt und die Bücher kaum zu trennen sind.

# Kapitel

## Akustik & Schwingungen

# 34: DAS WASSERGLAS-XYLOPHON

## Das brauchst du:

- ein paar Gläser
- etwas Wasser
- einen Löffel

## So geht's:

**1. Gläser aufstellen**
Stelle die Gläser in einer Reihe auf den Tisch.

**2. Gläser füllen**
Fülle jedes Glas mit unterschiedlich viel Wasser – von wenig bis fast voll.

**3. Löffel nehmen**
Schlage nun mit dem Löffel ganz leicht an den Rand eines Glases.

**4. Hören und vergleichen**
Höre genau hin: Jedes Glas klingt anders! Spiele einfache Melodien, indem du verschiedene Gläser anschlägst.

## Warum passiert das?

Beim Anschlagen beginnt das Glas zusammen mit dem Wasser zu schwingen. Diese Schwingungen erzeugen einen Ton. Ist viel Wasser im Glas, schwingt alles langsamer und der Ton klingt tiefer. Ist wenig Wasser im Glas, schwingen Glas und Wasser schneller und der Ton wird höher. Die Wassermenge bestimmt also, wie hoch oder tief der Klang ist.

# 35: DIE FLASCHENFLÖTE

## Das brauchst du:

- zwei leere Glasflaschen
- etwas Wasser

## So geht's:

**1. Flaschen aufstellen**
Stelle mehrere leere Flaschen nebeneinander auf den Tisch.

**2. Blasen**
Blase leicht über die Öffnung einer Flasche – nicht hinein! Du hörst, wie ein Ton entsteht.

**3. Wasser einfüllen**
Fülle verschiedene Wassermengen in die Flaschen und teste erneut.

**4. Vergleichen**
Vergleiche die Töne miteinander.

## Warum passiert das?

Beim Blasen über die Flaschenöffnung gerät die Luft im Inneren in Schwingung. Diese schwingende Luftsäule erzeugt den Ton. Ist viel Wasser in der Flasche, bleibt nur wenig Luft übrig. Die Luftsäule ist kurz und der Ton klingt hoch. Ist wenig Wasser darin, ist die Luftsäule länger und der Ton wird tiefer.

# 36: FLÜSTERTELEFON

**Das brauchst du:**

- zwei Plastikbecher (Pappbecher oder Konservendosen)
- ein langes Stück Schnur (z. B. Wolle, Paketschnur, Bindfaden)
- eine Schere
- einen Erwachsenen

## So geht's:

**1. Löcher machen**

Stich mit der Schere vorsichtig in den Boden beider Becher ein kleines Loch.

**2. Schnur befestigen**

Ziehe die Schnur von außen nach innen durch die Löcher und mache am Ende jeweils einen dicken Knoten, damit sie nicht herausrutscht.

**3. Schnur spannen**

Geh mit deinem Partner weit auseinander, bis die Schnur ganz gespannt ist.

**4. Sprecht miteinander!**

Einer spricht leise in seinen Becher, der andere hält den Becher ans Ohr. Ihr werdet überrascht sein, wie gut man hören kann!

Das Loch im Boden solltest du zusammen mit einem Erwachsenen machen.

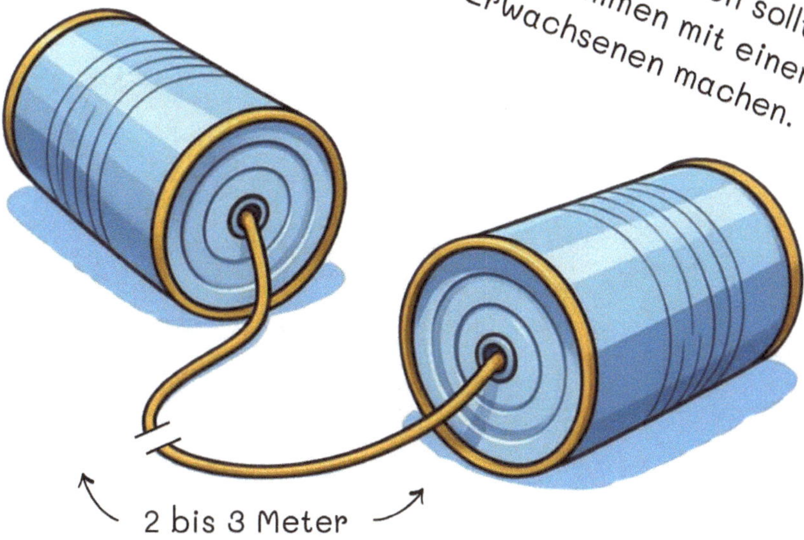


Schall reist durch gespannte Schnüre.

## Warum passiert das?

Beim Sprechen entstehen Schallwellen, die den Boden des Bechers in Schwingung versetzen. Diese Schwingungen werden auf die gespannte Schnur übertragen. In der Schnur können sich die Schwingungen sehr gut ausbreiten. Am anderen Ende versetzen sie den zweiten Becher in Bewegung, sodass die Stimme klar und deutlich hörbar wird.

# 37: DER PAPIERLAUTSPRECHER

**Das brauchst du:**

- ein Blatt Papier (DIN A4 oder ähnliches)
- etwas Klebeband

## So geht's:

**1. Papier rollen**

Nimm das Blatt Papier und rolle es zu einem Kegel zusammen – vorne schmal, hinten weit wie ein Megafon.

**2. Fixieren**

Befestige die Form, indem du die Kante leicht ineinander steckst oder mit einem kleinen Stück Klebeband fixierst.

**3. Rufen**

Halte die schmale Öffnung direkt vor deinen Mund. Sprich, rufe oder singe in den Papierkegel hinein.

**4. Hören**

Achte darauf, wie deine Stimme lauter und klarer klingt, wenn du den Papierlautsprecher benutzt.

Form lenkt Schall und macht Stimmen lauter.

## Warum passiert das?

Beim Sprechen entstehen Schallwellen, die sich normalerweise in alle Richtungen ausbreiten. Der Papierkegel sammelt diese Schallwellen an der schmalen Seite und lenkt sie gezielt nach vorne. Dadurch gehen weniger Schallwellen verloren. An der breiten Öffnung treten sie gebündelt aus, sodass die Stimme lauter und klarer wahrgenommen wird.

# 38: DAS STIMMEN-TUNNEL-EXPERIMENT

## Das brauchst du:

- ein paar Papprohre in verschiedenen Längen (z. B. Küchen-, WC-Papier- oder Geschenkpapierrollen)
- etwas Klebeband

## So geht's:

**1. Sprechen**
Nimm ein kurzes Rohr und sprich hinein.

**2. Hören**
Hör gut zu: Deine Stimme klingt direkt und laut.

**3. Längeres Rohr**
Nimm nun ein längeres Rohr und sprich wieder hinein. Du wirst merken: Der Ton klingt tiefer und etwas gedämpfter.

**4. Testen und vergleichen**
Teste verschiedene Rohrlängen und Durchmesser. Was klingt am deutlichsten? Was klingt am lustigsten?

## Warum passiert das?

Schall besteht aus Luftschwingungen, die sich ausbreiten. Sprichst du in ein Rohr, werden diese Schwingungen im Inneren geleitet. In kurzen Rohren kommt der Schall schnell und klar an. In längeren Rohren wird er öfter zurückgeworfen und dabei abgeschwächt. So verändern sich Lautstärke und Klangfarbe, und deine Stimme klingt durch jedes Rohr anders.

# 39: DAS LEISE-MACHEN-EXPERIMENT

## Das brauchst du:

- einen Wecker oder ein Handy mit Alarmton
- verschiedene Stoffe, z. B. Decke, Kissen, Pullover oder T-Shirt, Schal

## So geht's:

**1. Wecker stellen**
Stelle den Wecker oder den Alarm am Handy an und lege ihn auf den Tisch.

**2. Stoff überlegen**
Lege nun einen Stoff vorsichtig über den Wecker.

**3. Hinhören**
Hör genau hin: Der Ton wird leiser!

**4. Ausprobieren und vergleichen**
Probiere verschiedene Stoffe aus:
dünn, dick, weich, grob oder glatt.
Welcher Stoff dämpft den Klang am stärksten?
Welcher Stoff lässt den Ton fast unverändert?

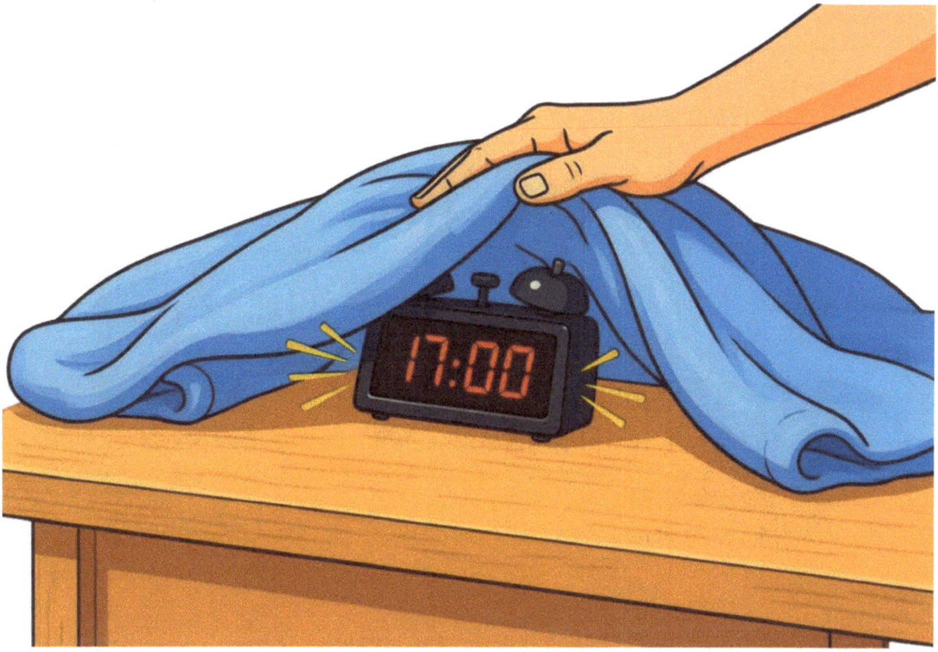


Weiche Stoffe schlucken Schall und machen Geräusche leiser.

## Warum passiert das?

Schall breitet sich als Schwingungen in der Luft aus. Trifft dieser Schall auf einen Stoff, werden viele dieser Schwingungen aufgenommen und abgeschwächt. Weiche und dicke Materialien können besonders gut mitschwingen und dabei Energie „schlucken". Dadurch gelangen weniger Schallwellen zu unserem Ohr und das Geräusch klingt deutlich leiser.

# 40: DER TANZENDE REIS

## Das brauchst du:

- etwas Frischhaltefolie
- eine Schüssel
- etwas Reis (Linsen, Hirse)
- ein lautes Geräusch (z. B. Klatschen)

## So geht's:

**1. Folie aufspannen**
Spanne die Frischhaltefolie straff über die Schüssel. Sie muss wie eine Trommel gespannt sein.

**2. Reis daraufstreuen**
Verteile ein paar Reiskörner auf der gespannten Folie.

**3. Geräusch erzeugen**
Klatsche laut in der Nähe der Schüssel – aber berühre sie nicht!

**4. Beobachten**
Die Reiskörner beginnen zu hüpfen, sobald der Schall die Folie erreicht.

Schall bringt Dinge zum Schwingen.

## Warum passiert das?

Schall besteht aus Schwingungen, die sich unsichtbar durch die Luft ausbreiten. Trifft der Schall auf die gespannte Folie, beginnt diese zu vibrieren. Die Vibrationen werden auf die Reiskörner übertragen, sodass sie hüpfen und sich bewegen.
So wird sichtbar, dass Geräusche echte Bewegungen sind, die Dinge in Schwingung versetzen können.

# Kapitel

## Magnetismus & Kräfte

# 41: DER LUFTBALLON-STAUBSAUGER

## Das brauchst du:

- einen Luftballon
- ein Blatt Papier
- eine Schere

## So geht's:

**1. Schneiden**
Schneide das Papier in kleine Schnipsel.

**2. Ballon aufblasen und aufladen**
Blase den Ballon auf und knote ihn zu.
Jetzt reibe den Ballon kräftig an deinen Haaren oder an deinem Pullover. Dadurch entsteht statische Elektrizität.

**3. Ballon über Papier halten**
Halte den Ballon nun ganz nah über die Papierschnipsel.

**4. Staunen!**
Die Schnipsel springen plötzlich hoch und bleiben sogar am Ballon kleben!

Elektrische Ladung zieht leichte Dinge an.

## Warum passiert das?

Durch das Reiben lädt sich der Luftballon elektrisch auf. Er bekommt eine negative elektrische Ladung. Die Papierschnipsel sind neutral, aber ihre Ladungen verschieben sich in der Nähe des Ballons. Dadurch werden sie vom Ballon angezogen und springen nach oben. Diese Kraft nennt man statische Elektrizität.

# 42: DIE BALLONRAKETE

## Das brauchst du:

- einen Luftballon
- eine lange Schnur
- einen Trinkhalm
- etwas Klebeband

## So geht's:

**1. Startbahn bauen**
Spanne die Schnur straff zwischen zwei festen Punkten (z. B. Türklinke zu Stuhl oder Wandhaken).

**2. Führung auffädeln**
Fädle den Trinkhalm auf die Schnur. Er muss sich leicht hin- und herbewegen können.

**3. Ballon vorbereiten**
Puste den Ballon auf – aber mache keinen Knoten hinein! Halte die Öffnung gut zu.

**4. Rakete befestigen**
Klebe den Ballon mit Klebeband seitlich am Trinkhalm fest. Die Ballonöffnung zeigt nach hinten.

**5. Start!**
Lass die Ballonöffnung los – der Ballon zischt an der Schnur entlang nach vorne.

## Warum passiert das?

Beim Loslassen strömt die Luft aus dem Ballon nach hinten heraus. Diese Luft wird weggestoßen und übt dabei eine Kraft aus. Als Gegenkraft wird der Ballon nach vorne gedrückt. Das nennt man Rückstoß.
Je mehr Luft aus dem Ballon entweicht, desto stärker ist der Schub. Nach diesem Prinzip funktionieren auch echte Raketen.

# 43: DER ZAUBER-TRINKHALM

## Das brauchst du:

- ein Glas mit Wasser
- einen Trinkhalm

## So geht's:

**1. Trinkhalm füllen**
Stecke den Trinkhalm weit in das Glas mit Wasser.

**2. Oben verschließen**
Halte nun deinen Finger fest auf das obere Ende des Trinkhalms.

**3. Herausziehen**
Ziehe den Trinkhalm aus dem Glas heraus.

**4. Staunen!**
Das Wasser bleibt im Trinkhalm hängen.

**5. Finger weg**
Nimmst du den Finger weg, läuft das Wasser sofort heraus.

## Warum passiert das?

Wenn du den Trinkhalm oben verschließt, kann keine Luft nachströmen. Im Inneren entsteht ein Unterdruck. Der Luftdruck von außen drückt gegen das Wasser und hält es im Trinkhalm fest. Nimmst du den Finger weg, gelangt Luft hinein, der Druck gleicht sich aus und das Wasser kann nach unten herauslaufen.

# 44: DAS EISEN IM TEEBEUTEL

**Das brauchst du:**

- einen ungekochten Teebeutel (schwarzer Tee eignet sich sehr gut)
- einen Magneten (je stärker, desto besser)
- ein Blatt weißes Papier

## So geht's:

**1. Papier hinlegen**

Lege das weiße Papier flach auf den Tisch.

**2. Teebeutel öffnen**

Reiße den Teebeutel vorsichtig auf und streue etwas vom Tee auf das Papier.

**3. Magneten führen**

Halte nun den Magneten knapp über den Tee (nicht direkt hinein drücken).

**4. Beobachten**

Winzige Teilchen bewegen sich auf den Magneten zu oder bleiben daran hängen.
Bewege den Magneten langsam hin und her und verfolge, wie sich die kleinen Teilchen mitbewegen.

## Warum passiert das?

Teepflanzen nehmen beim Wachsen Mineralstoffe aus dem Boden auf, darunter auch winzige Mengen Eisen. Diese Eisenpartikel sind so klein, dass man sie mit bloßem Auge nicht erkennt. Führt man jedoch einen Magneten über den Tee, zieht er die eisenhaltigen Teilchen an. So werden die unsichtbaren Eisenreste plötzlich sichtbar gemacht.

# 45: DIE MAGNET-DETEKTIVE

## Das brauchst du:

- einen Magneten (Kühlschrankmagnet, magnetischen Schraubendreher)
- verschiedene Gegenstände z. B. Münzen, Gabel, Büroklammer, Schraube, Holzstück, Plastikdeckel

## So geht's:

**1. Gegenstände hinlegen**
Lege alle Gegenstände vor dich auf den Tisch.

**2. Gegenstände testen**
Nimm den Magneten und teste jeden einzelnen Gegenstand: Wird er angezogen oder nicht?

**3. Sortieren**
Sortiere die Dinge in zwei Gruppen:
- Magnetisch
- Nicht magnetisch

**4. Beobachten und überlegen**
Welche Materialien werden vom Magneten angezogen? Was haben diese Dinge gemeinsam?

## Warum passiert das?

Magnete wirken nicht auf alle Materialien. Sie ziehen nur bestimmte Metalle an, vor allem Eisen, Nickel und Kobalt. Diese Stoffe haben besondere Eigenschaften, durch die sie auf Magnetkraft reagieren. Materialien wie Holz, Plastik oder Glas werden nicht angezogen. Beim Testen merkst du, dass nicht das Aussehen entscheidet, sondern das Material im Inneren des Gegenstands.

# 46: DER KOMPASS AUS DER SCHÜSSEL

## Das brauchst du:

- eine Nähnadel
- einen Magneten
- eine Schüssel mit Wasser
- ein kleines Stück Kork oder ein kleines Stück Papier

## So geht's:

**1. Schüssel füllen**
Fülle etwas Wasser in eine Schüssel.

**2. Nadel reiben**
Reibe die Nadel 10–20 Sekunden lang immer in die gleiche Richtung über den Magneten. (Wichtig: Nicht hin- und herreiben!)

**3. Nadel hinlegen**
Lege die Nadel vorsichtig auf ein kleines Stück Kork oder Papier.
Setze den Kork oder das Papier behutsam auf die Wasseroberfläche in der Schüssel.

**4. Beobachten**
Die Nadel dreht sich langsam und bleibt schließlich in einer bestimmten Richtung stehen.
Diese Richtung zeigt Nord–Süd an.
Genau wie bei einem echten Kompass.

## Warum passiert das?

Durch das Reiben am Magneten wird die Nadel selbst magnetisch. Sie bekommt einen Nord- und einen Südpol.
Die Erde besitzt ein großes Magnetfeld, das die magnetisierte Nadel beeinflusst.
Auf dem Wasser kann sich die Nadel frei drehen und richtet sich am Erdmagnetfeld aus.
Deshalb zeigt sie immer in Nord-Süd-Richtung – genau wie ein echter Kompass.

# Kapitel

## Natur & Umwelt

# 47: DER WASSERKREISLAUF IM GLAS

## Das brauchst du:

- ein durchsichtiges Schraubglas
- warmes Wasser (nicht kochend!)
- etwas Frischhaltefolie oder den Glasdeckel
- einige Eiswürfel

## So geht's:

**1. Wasser einfüllen**

Fülle ein wenig warmes Wasser in das Schraubglas (der Boden soll bedeckt sein).

**2. Glas verschließen**

Verschließe das Glas oben mit Frischhaltefolie oder schraube den Deckel locker auf.

**3. Eiswürfel auflegen**

Lege vorsichtig ein paar Eiswürfel auf die Folie oder den Deckel.

**4. Beobachten**

Beobachte das Glas einige Minuten lang ganz genau. Innen bilden sich kleine Wassertropfen, die nach unten fallen – wie Regen.

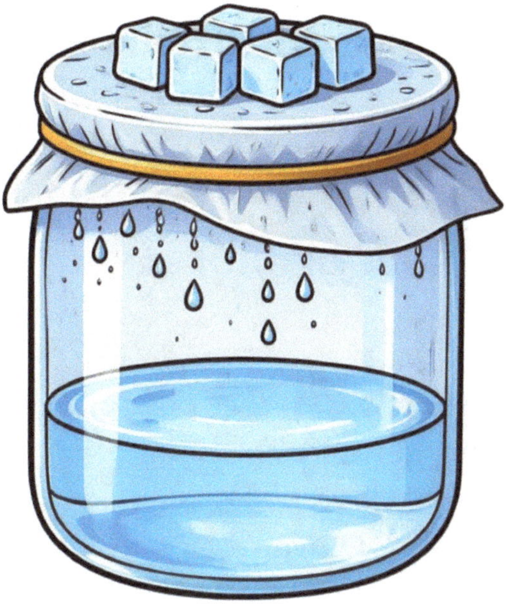

## Warum passiert das?

Das warme Wasser im Glas verdunstet und wird zu unsichtbarem Wasserdampf. Dieser steigt nach oben. Trifft der Dampf auf die kalte Folie oder den Deckel mit Eis, kühlt er ab und verwandelt sich wieder in flüssiges Wasser, er kondensiert.
Es entstehen kleine Tropfen, die nach unten fallen. So kannst du den Wasserkreislauf der Natur im Kleinen beobachten.

# 48: DAS BODENSCHICHTEN-EXPERIMENT

## Das brauchst du:

- ein Glas
- etwas Erde (Garten- oder Blumenerde)
- etwas Sand
- kleine Steine oder Kies
- etwas Wasser

## So geht's:

**1. Glas befüllen**

Fülle etwas Erde, Sand und kleine Steine zusammen in das Glas (Du kannst sie vorher mischen oder direkt hintereinander einfüllen).

**2. Wasser einfüllen**

Gieße vorsichtig Wasser in das Glas, bis alles gut bedeckt ist.

**3. Umrühren**

Rühre einmal kurz um oder schüttle das Glas leicht.

**4. Beobachten**

Stelle das Glas nun ruhig ab und beobachte, was passiert.

## Warum passiert das?

Wenn Erde, Sand und Steine im Wasser gemischt werden, trennen sie sich nach einiger Zeit von selbst. Schwere und grobe Teilchen sinken schnell nach unten. Feinere und leichtere Teilchen bleiben länger im Wasser und setzen sich später darüber ab. Dieser Vorgang heißt Sedimentation.
So entstehen auch in der Natur verschiedene Bodenschichten.

# 49: WASSEREROSION NACHSTELLEN

## Das brauchst du:

- etwas Sand oder lockere Erde
- eine Schüssel oder eine Backform
- etwas Wasser (z. B. in einer Flasche oder einem Becher)

## So geht's:

**1. Schüssel füllen**
Fülle Sand oder Erde in die Schüssel.

**2. Hügel formen**
Forme einen kleinen Hügel.

**3. Wasser gießen**
Gieße nun langsam etwas Wasser über den Hügel.

**4. Beobachten und vergleichen**
Es entstehen kleine Rinnen und Flussläufe im Sand. Gieße nun mehr oder schneller Wasser darüber. Vergleiche: Wie verändern sich die Rinnen und Wege des Wassers?

Fließendes Wasser formt Erde und Landschaft.

## Warum passiert das?

Fließendes Wasser hat Kraft und kann Sand und Erde mitnehmen. Gießt du Wasser über den Hügel, werden kleine Teilchen abgetragen und fortgespült. Dabei entstehen Rinnen und kleine Täler. Je mehr oder schneller das Wasser fließt, desto stärker ist die Wirkung.
So formen Regen, Bäche und Flüsse in der Natur Landschaften über lange Zeit.

# 50: LICHT, WASSER, LEBEN

## Das brauchst du:

- 2 kleine Pflanzen oder Keimlinge (z. B. Kresse, Bohnen, Erbsen)
- einen hellen Platz (z. B. Fensterbank)
- einen dunkleren Platz
- etwas Wasser

## So geht's:

**1. Pflanzen gießen**
Stelle alle Pflanzen zuerst nebeneinander auf und gieße sie gleichmäßig.

**2. Pflanzen aufstellen**
Wähle nun verschiedene Bedingungen:
**Pflanze A:** viel Licht, normal viel Wasser
**Pflanze B:** wenig Licht, normal viel Wasser
Gieße die Pflanzen mehrere Tage lang so, wie du es festgelegt hast.

**3. Beobachten und vergleichen**
Wie hoch werden die Pflanzen?
Welche Farbe haben die Blätter?
Wirken sie kräftig oder schlapp?
Vergleiche die Pflanzen nach einigen Tagen oder einer Woche miteinander.

## Warum passiert das?

Pflanzen brauchen Licht und Wasser, um gesund zu wachsen. Mit Licht stellen sie in den Blättern ihre Nahrung her. Wasser hilft, Nährstoffe zu transportieren und die Pflanze stabil zu halten. Bekommt eine Pflanze zu wenig Licht, wächst sie blass und langsam. Fehlt Wasser, wird sie schlapp oder hört auf zu wachsen.

Unser gesamtes lieferbares Programm und weitere Informationen zu unseren Büchern und unserem Verlag findest du auf unserer Website und in den sozialen Netzwerken.

www.thier-media.de

feedback@thier-media.de

@thiermediaverlag


Wenneberg 14, 48653 Coesfeld
Vertreten durch Fabian und Julian Thier

Titel: Coole Experimente für Kinder ab 8: Wow, das funktioniert wirklich!
Veröffentlichung: 26.02.2026
ISBN 978-3-98876-117-0
Konzeption: Thier Media Verlag

Bilddatenbanken
https://www.canva.com
https://www.pexels.com
https://www.pixabay.com
https://www.ideogram.ai

Illustration Umschlag:
https://www.ideogram.ai

# Mitmachen und gewinnen!

Wir freuen uns sehr, dass Sie sich für ein Buch aus dem Thier Media Verlag entschieden haben!

## Hat es Ihrem Kind gefallen?

Ihr Feedback bedeutet für uns einen großen Mehrwert. Als **Dankeschön** können Sie an unserer monatlichen Verlosung teilnehmen und haben die Chance auf **großartige** Gewinne.

## Würden Sie uns weiterhelfen?

Verwenden Sie dazu gerne den QR-Code.

thier-media.de/1

Vielen Dank

Dieses Buch wurde in Übereinstimmung mit den GPSR-Richtlinien der EU zur Sicherheit von Produkten erstellt.

Die Verordnung über die allgemeine Produktsicherheit ist der aktualisierte Rahmen der Europäischen Union, um sicherzustellen, dass alle Verbraucherprodukte, einschließlich Bücher, für Verbraucher sicher sind.

Dieses Buch wurde von CPI books GmbH gedruckt. Der Drucker hat Sicherheitszertifikate für die verwendeten Materialien wie Tinte, Papier und Kleber ausgestellt.

Die Produktkennung ist: 9783988761170

Der Autor ist für den Inhalt des Buches verantwortlich und hat das Buch von Bookmundo produzieren lassen.

Sollten Sie Fragen zur Sicherheit des Produkts haben, kontaktieren Sie uns bitte.

Bookmundo
Delftsestraat 33
3013AE Rotterdam
Die Niederlande
info@bookmundo.com

FSC
www.fsc.org
MIX
Papier | Fördert gute Waldnutzung
FSC® C083411

Kolibri 360 GmbH
Ferdinand-Jühlke-Straße 7
99095 Erfurt, Deutschland
produktsicherheit@kolibri360.de